# Auswirkungen von Hitzestress auf Milchkühe unter alpinen Klimabedingungen

Simon Egger

**Bibliografische Information der Deutschen Nationalbibliothek:**

Die Deutsche Nationalbibliothek verzeichnet diese Publikation in der Deutschen Nationalbibliografie; detaillierte bibliografische Daten sind im Internet über http://dnb.d-nb.de abrufbar.

ISBN: 9783346889225
Dieses Buch ist auch als E-Book erhältlich.

© GRIN Publishing GmbH
Trappentreustraße 1
80339 München

Alle Rechte vorbehalten

Druck und Bindung: Books on Demand GmbH, Norderstedt Germany
Gedruckt auf säurefreiem Papier aus verantwortungsvollen Quellen

Das vorliegende Werk wurde sorgfältig erarbeitet. Dennoch übernehmen Autoren und Verlag für die Richtigkeit von Angaben, Hinweisen, Links und Ratschlägen sowie eventuelle Druckfehler keine Haftung.

Das Buch bei GRIN: https://www.grin.com/document/1361798

# Auswirkungen von Hitzestress auf Milchkühe unter alpinen Klimabedingungen

SEMINARARBEIT FÜR
2020W 290018-1 BACHELORSEMINAR AUS
PHYSIOGEOGRAPHIE: AUSGEWÄHLTE
THEMEN ZUR KLIMATOLOGIE UND
HYDROLOGIE

Simon Egger

# Inhaltsverzeichnis

# 1. Kurzfassung

Diese Seminararbeit handelt von der Hitzestressproblematik bei Milchkühen in den Alpen. Diese sind nämlich gleich in mehrerer Hinsicht davon betroffen: zum einen aufgrund der Klimaerwärmung, zum anderen aufgrund dessen, dass Kühe nicht besonders gut schwitzen können, durch ihren Stoffwechsel sehr viel eigene Körperwärme produzieren und durch ungeeignete Haltung, Fütterung, Züchtung oder einem schlechtgebautem Stall. Kühe geben diese überschüssige Wärme bis zu einem gewissen Grad durch feuchte oder trockene Wärmeabgabe wieder an die Umgebung ab, wo der Landwirt zusätzlich durch gewisse Maßnahmen nachhelfen kann. Einschätzen lässt sich der Hitzestress durch biochemische, physiologische und subjektive Parameter sowie durch eine Berechnung mittels des THI.

Letzteres habe ich für ausgewählte alpine Bereiche berechnet und bin zu dem Schluss gekommen, dass Kühe zum Teil unter mildem bis mäßigem Hitzestress leiden.

This seminar paper deals with the heat stress problem of dairy cows in the Alps. They are affected in several ways: on the one hand due to global warming, on the other hand due to the fact that cows cannot sweat very well, produce a lot of their own body heat due to their metabolism and due to unsuitable husbandry, feeding, breeding or a poorly built barn. Cows release this excess heat back into the environment to a certain degree through moist or dry heat emission, where the farmer can additionally help by taking certain measures. Heat stress can be assessed by biochemical, physiological and subjective parameters as well as by calculation using the THI. I calculated the latter for selected alpine areas and concluded that cows suffer from mild to moderate heat stress to a certain degree.

# 2. Einleitung

Der alpine Bereich ist von der Klimaerwärmung nicht geschützt und der Raum für Kühe der einst als idealer Lebensraum angesehen wird, wird immer häufiger in der Zukunft Maximaltemperaturen von über 25° C erreichen.

Vor diesem Hintergrund habe ich mich entschieden eine Seminararbeit über genau jene Hitzestressproblematik bei Milchkühen in den Alpen zu schreiben. Da Milchkühe als relativ kältetolerant, jedoch als recht hitzeempfindlich gelten, möchte ich betrachten wie ihr Wohlbefinden im alpinen Raum derzeit ist und gehe demnach folgender Forschungsfrage nach:

*Inwiefern leiden Kühe in den Alpen unter Hitzestress, wie wirkt sich dieser aus und was kann die Kuh selbst bzw. der Mensch machen, damit es dem Tier hitzetechnisch besser geht?*

Dabei werde ich zunächst einige Begriffe in Kapitel 3 definieren, die für das Verständnis des Themas essentiell sind. In Kapitel 4 gehe ich der Frage nach, wie sich Hitzestress auf die Kuh auswirkt und inwiefern man den Hitzestress messen und beobachten kann. Im 5. Kapitel beschreibe ich wie die Kuh ihre Körpertemperatur reguliert und im 6. Kapitel wie der Mensch dem Tier dabei helfen kann. Im letzten Kapitel 7 versuche ich mittels der Berechnung des THI´s für ausgewählte Orte in den Alpen die Intensität des Hitzestress abzuschätzen und möchte einen Ausblick über die verschärfte Problematik der Hitze in naher Zukunft geben

# 3. Begriffsdefinitionen

Bevor es nun aber um den Hitzestress gehen wird, gilt es einige Begriffe zu definieren.

Stress ist definiert als spezifisch-individuelles Reaktionsmuster eines Organismus auf umweltassoziierte Stimuli, die zur Störung des physiologischen Gleichgewichtes führen (CARROLL und BURDICK SANCHEZ, 2013). Das bedeutet bei Stress überschreitet der Organismus eines Individuums seine Anpassungsfähigkeit an die Umwelt (BROOM und JOHNSON, 1993).

Außerdem unterscheidet man Stress in physischen und psychischen Stress. Ersterer wird durch Stressoren wie Durst, Hunger, Erschöpfung oder extreme Temperaturen ausgelöst, psychischer Stress dagegen durch Stressoren wie Bedrängung, Handling, Konfrontation mit Unbekanntem oder ähnlichem (RÜTZ, 2010).

Ein Stressor löst bei einem Individuum einen oder mehrere physiologische Vorgänge aus, die als Stressreaktionen bezeichnet werden. Wie stark die Stressreaktion ausfällt, hängt zum einen von der Art des Stressors und zum anderen von der individuellen Wahrnehmung ab (PALME, 2012). Die Bedrohung selbst ist also nicht für ein Lebewesen der Auslöser von Stress, sondern die Wahrung einer Bedrohung (RUSHEN et al., 2008). Natürlich gibt es bei Tieren, ebenso wie bei Menschen zwei Arten von Stress. Wirkt sich der Stress positiv aus, spricht man von Eustress, bei Reduktionen von Abwehrmechanismen dagegen von Disstress (DANTZER, 1993).

Wichtig ist außerdem die Unterscheidung zwischen Unbehagen und Stress. Unbehagen entsteht schon lange bevor es erste Anzeichen von Stress gibt, während der Stress selbst simultan zu den Anzeichen entsteht (VAN LAER et al., 2014).

Das gefährliche an Stress ist neben der Intensität, noch der Zeitraum wie lange ein Individuum dem ausgesetzt ist. Bei langandauerndem Stress kommt es in Folge zu einem geschwächten Immunsystem, was sich in der Reproduktion (Fruchtbarkeit) oder im Wachstum auswirkt (PALME, 2012). Man unterscheidet auch hier zwischen dem akuten Stress, der nur kurz andauernd und immunstimulierend wirkt und chronischem Stress, der sich auf ein Wesen immunsuppressiv auswirkt, durch die längeren und wiederholenden Zeitphasen (CAROLL und BURDICK SANCHEZ, 2013).

Von Hitzestress spricht man, wenn ein Lebewesen aufgrund einer zu hohen Umgebungstemperatur und einer zu hohen relativen Luftfeuchtigkeit nicht mehr durch physiologische Regelmechanismen, in der Lage ist, ausreichend Wärme an die Umgebung abzugeben und dadurch in eine Belastungssituation gerät (DUSSERT und PIRON, 2012). Hitzestress ist also eine thermische Form von Disstress und tritt nicht bei allen Kühen im selben Ausmaß auf, sondern hängt von dem Alter, der geforderten Milchleistung, dem Trächtigkeitsstadium sowie von sonstigen klimatischen Faktoren ab (BERMAN, 2005) wie etwa der Windgeschwindigkeit, der direkten Wärmeeinstrahlung, der relativen Luftfeuchtigkeit sowie von sonstigen reflektierenden Bauteilen. Wie stark also der Hitzestress ausfällt, ist die Folge aller externer Kräfte, die auf das Tier einwirken und wieweit dadurch die Körpertemperatur vom Sollwert verschoben wird (DIKMEN und HANSEN, 2009).

## 4. Auswirkungen von Hitzestress

Um herauszufinden, ob und wie stark ein Tier an Hitzestress leidet, gibt es drei Kennzahlen, die man beobachten bzw. messen kann: biochemische, physiologische und subjektive Kennzahlen.

Die biochemischen Parameter sind messbar und verändern sich, wenn es zu einem thermalen Austausch zwischen dem Tierkörper und der Umwelt kommt. Dies geschieht, weil Milchkühe, sobald sie einer Hitzestressbelastung ausgesetzt sind, versuchen ihre Körpertemperatur konstant zu halten (CIGR-BERICHT, 2006). Bei der Messung der Parameter ist der wichtigste Wert die Kortisolkonzentration im Blut, die sich bei Stress erhöht (MOHR et al., 2002). Ein zweiter sehr wichtiger Messwert zur Einschätzung der Hitzestressbelastung ist die Körperkerntemperatur. Diese verändert sich bei Umgebungshitze nicht besonders stark (in etwa um 0,5 °C bis 0,8° C). Allerdings ist dieser Messwert teils ungeeignet, weil die Veränderung erst mit einer Verzögerung von bis zu fünf Stunden auftritt (BROWN-BRANDI et al., 2005).

Die physiologischen Kennzahlen, sind demnach jene physiologischen Reaktionen des Tieres auf Temperaturveränderung. Die Hauptindikatoren, die in der Praxis gemessen werden, sind die Herz- und die Atemfrequenz bei der Kuh.

Die Atemfrequenz ist dafür nämlich deutlich leichter zu messen und es bedarf keiner großen Investitionen, um dies festzustellen. Diese steigt bereits bei leichtem

Hitzestress mit nur sehr kurzer Verzögerungszeit, was dies als perfekten Parameter für schnelles Handeln auszeichnet, um Maßnahmen zur Linderung des Hitzestress einzuleiten (BROWN-BRANDL et al., 2005). Der Richtwert, ab wann man von Hitzestress reden kann liegt bei 70 – 90 Atemzüge/min und kann bei starkem Hitzestress sogar auf über 160 Atemzüge/min ansteigen, wobei auch hier wieder anzumerken ist, dass es eine individuelle Reaktion jeder Kuh gibt, die diesen Richtwert nach oben und unten variieren kann. (HEIDENREICH et al., 2005).

Weiters kann man beispielsweise bei erhöhter Atemfrequenz nicht gleich auf eine Überanstrengung der Kuh schließen, sondern schnellere, forcierte Atmung erfolgt zum Beispiel auch im Erregungszustand, bei Kreislaufinsuffizienz, bei einer Anämie oder bei anderen raumfordernden Prozessen innerhalb des Bauchraumes (BAUMGARTNER, 2009).

Diese Erfassungen sind geeignete Parameter, um den Stress einschätzen zu können, dennoch muss man auch beachten, dass jene Werte Kurzzeitaufnahmen abbilden, die sich minütlich ändern können. Das bedeutet Langzeiteffekte von Stress können mit dieser Methode nur schlecht ausgewertet werden (MOHR et al., 2002). Die Körpertemperatur allein von Tieren zu messen und darauf auf den Hitzestress zu schließen ist nicht sinnvoll, weil die Zeitpunkte der Maximal- und Minimalwerten von weiteren Einflüssen wie dem Stall, dem Einfluss des Felles und den Umgebungsbedingungen wie der Luftgeschwindigkeit und der Strahlung stark anhängt. Außerdem, wie im Kapitel Thermoregulation bereits beschrieben, ist der Stoffwechsel unterschiedlich stark im Alter und in der jeweiligen Situation angeregt, was die Werte verfälschen würde (VICKERS et al., 2010).

Aber auch durch Faktoren im Verhalten ist eine Beobachtung über das Unwohlsein des Tieres möglich, den sogenannten subjektiven Kennzahlen, bei der die Basis dieser Kennzahlen die individuellen Reaktionen des Tieres auf Hitze sind (CIGR-BERICHT, 2006).

Falls LandwirtInnen keine Messungen von biochemischen Parametern durchführen, kann Stress durch geeignete Verhaltensanalysen am sinnvollsten festgestellt werden und ist als Methode bei vielen deshalb etabliert (BROOM, 1991).

Das auffälligste ist mit Sicherheit bei Hitzestress die geringere Milchleistung. Jene Leistungseinbrüche sowie andere gesundheitliche Störungen dürfen nicht sofort auf

Hitze- oder Kältestress rückgeführt werden, sondern sollten immer im Zusammenhang mit anderen Indikatoren betrachtet werden (ALBRIGHT, 1987). Mit einem idealen Umfeld könnte zwar die Tagesmilchmenge am höchsten gewährleistet sein, allerdings raten immer mehr TierschützerInnen davon ab dauerhaft hohe Milchleistung im vollen Umfang auch auszunutzen, weil das zu Lahmheiten, Problemen bei Geburten beschädigten Euterbändern oder auch Mastitiden führen kann (BROOM, 1991).

Zu beachten beim Verhalten bei der Kuh ist aber nicht nur der „Output" sondern auch das Bewegungsverhalten, das Sozialverhalten, das Mutter-Kind-Verhalten, das Sexualverhalten, das Fressverhalten, das Ruheverhalten, das Körperpflege- und Komfortverhalten sowie das Ausscheidungsverhalten. Außerdem kann man noch über die Reaktionsfähigkeit, dem Assoziationsverhalten, dem Erkundungsverhalten beziehungsweise der Territorialität Schlüsse über dem Wohlergehen des Tieres ziehen (ALBRIGHT und ARAVE, 1997). Steigende Wasseraufnahme, dafür eine geringere Futteraufnahme sowie eine Verringerung der Liegezeit mit gleichzeitiger Erhöhung der Atemfrequenz gelten als die ersten Anzeichen von Hitzestress (MAČUHOVÁ et al., 2008). Die Gründe sind vielseitig, so gelingt es etwa der Kuh durch längeres Stehen ihre Körperwärmeabgabe zu erhöhen, weil mehr Körperoberfläche für Konvektion verwendet wird (ALBRIGHT und ARAVE, 1997).

Wichtig bei einem Lebewesen ist es auch das Normalverhalten zu analysieren, um dann regulatorische Reaktionen bzw. Notfall-Reaktionen zu erkennen und auf jene Verhaltensstörungen passend zu reagieren (BROOM, 1991).

Eine wesentlich einfachere Methode, Komfortzonen von Tieren einschätzen zu können ist die Berechnung mittels des THI, auf welchen ich aber erst im Kapitel 7 näher eingehe.

# 5. Thermoregulation der Milchkuh

Milchkühe gehören zu der Gattung der Säugetiere, und zählen daher zu den homoiothermen Tieren. Das bedeutet ohne großen Aufwand können sie ihre Körpertemperatur konstant bei 36 – 39 °C halten (JESSEN, 2005).

Allerdings gelingt das ohne große Anstrengung ausschließlich in der Zone der thermischen Neutralität oder auch thermoneutrale Zone genannt (BLUM, 2003). Die thermoneutrale Zone ist also der Bereich, indem keine offensichtlichen Ansprüche bezüglich physiologischer oder thermoregulatorischer Mechanismen auftreten und die Gesamtwärmeproduktion, bei gegebener Energiezufuhr, annähernd konstant ist (ALBRIGHT und ARAVE, 1997).

Das bedeutet innerhalb dieses Temperaturbereichs ist der Organismus der Milchkuh unbelastet von Wärme oder Kälte. Jede Umgebungstemperatur die wärmer ist als die thermoneutrale Zone ist der Beginn des Hitzestress, genannt Hyperthermie, für die Tiere. Bei Milchkühen ist die Umgebungstemperaturzone etwa bei 0 – 21 °C. Ab 21 °C muss die Kuh durch Schwitzen, Wärmehecheln und Dilatation peripherer Gefäße dagegen anarbeiten, was nur bis zu einer gewissen Weise möglich ist (BLUM, 2003). Außerdem ist es der Kuh noch möglich die Rektaltemperatur zu erhöhen und somit bei der Kotabgabe innere Körperwärme an die Umgebung abzugeben (NICHELMANN, 1971). Zu erwähnen ist, dass dieser Temperaturbereich bei der Kuh auch variiert von der Körpergröße, dem Alter, der Spezies, der Milchleistung, die der Kuh abverlangt wird, sowie der Fütterungsintensität oder Wärmeisolation durch das Haarkleid bzw. subkutane Fettpolster (BLUM, 2003).

Die Folge ist der Anstieg der Körpertemperatur, die bis etwa 42 – 45 °C ansteigen darf, ohne, dass es zu einem Hitzetod führen würde. Wie bereits o.a. sind Milchkühe zwar relativ kältetolerant, aber dafür umso wärmesensibler was mit ihrer alltäglichen hohen Leistung zusammenhängt. Denn die Milchproduktion regt den Stoffwechselumsatz an, was wiederum auch zusätzlich innere Wärme erzeugt und dies eine behagliche Umgebungstemperatur als Ausgleich erfordert. Allerdings muss man hierbei auch zwischen den Kühen differenzieren. Denn bei älteren Kühen und Rindern sinken die Fähigkeiten der Thermoregulation, dagegen nimmt die Toleranz gegen Kälte zu. Die Gründe dafür sind etwa das dichtere Haarkleid und die damit eihergehende bessere

Isolation der Körperwärme, aber auch die erhöhte Gefäßreaktion. Außerdem nimmt im Alter der Gesamtstoffwechsel zu, da der Leistungsstoffwechsel stärker angeregt ist, was zu einer höheren Körpertemperatur führt (NICHELMANN, 1971).


## 5.1.  Arten der Wärmeabgabe

Bei der Wärmeabgabe wird zwischen trockener, auch genannt sensibler Wärmeabgabe, die von der Temperaturdifferenz zwischen Körperoberfläche und Umgebungstemperatur abhängig ist und feuchter, auch genannt evaporativer Wärmeabgabe, die vor allem von der relativen Luftfeuchte der Umgebung abhängt, unterschieden (BLUM, 2003).


### 5.1.1. Trockene Wärmeabgabe

Die trockene Wärmeabgabe kann durch drei biologische Vorgänge erfolgen: Konduktion, Konvektion und Radiation. Bei der Konduktion (Wärmeleitung) versucht die Kuh Körperwärme an kältere Schichten abzugeben. Das gelingt etwa indem sich die Kuh einen kühleren Untergrund sucht und sich darauf, mit möglichst viel Körperkontakt, niederlegt. Das ist eine enorm wichtige Art der Thermoregulation und der Entspannung, weswegen Kühe dies auch 8-12 Stunden pro Tag machen. Das Tier ist dabei aber abhängig von der Temperatur den Untergründen, der Leitfähigkeit der Wärme sowie der Wärmekapazität der Materialien (BLUM, 2003).


Mit Konvektion ist die Wärmeabgabe durch Luft oder Wasser gemeint, bei der auch die Atmung inbegriffen ist. Wie im Kapitel Auswirkungen von Hitzestess bereits beschrieben, forciert die Milchkuh die Atmung, um überschüssige Wärme im Körper wieder abzugeben. Dieses Hecheln erkennt man zum einen an der heraushängenden Zunge, und zum anderen an den schnellen, kurzen und oberflächlichen Atemzügen. Auch hier ist die Kuh abhängig von ihrer Umgebung. Besonders wichtig bei der Konvektion ist die Lufttemperatur und die Windgeschwindigkeit (BAUMGARTNER, 2009).

Die dritte Möglichkeit der trockenen Wärmeabgabe ist die Radiation oder auch Strahlung. Im Gegensatz zur Konduktion und Konvektion ist dieser Vorgang stoffunabhängig und von daher ist die Kuh hierbei nicht von Materialien ihrer Umgebung, wie etwa Bodenuntergründen, abhängig. Die Strahlung hängt dagegen von der Strahlungs- und Lufttemperatur, der Luftgeschwindigkeit, der Wirkungsstärke der Sonneneinstrahlung, der Bodentemperatur und von vielen weiteren meteorologischen Indikatoren ab. Aber auch von einigen anderen Faktoren auf die wir Menschen Einfluss haben wie dem Stallbau oder den Schattenbereichen (BERMANN, 2005). Ganz wichtig bei der Planung ist, dass Kühe in wärmeren Jahreszeit nicht dauerhaft neben reflektierenden Objekten verweilen, die für zusätzliche Wärme sorgen (siehe Abbildung 1). Mehr dazu im Kapitel 6.

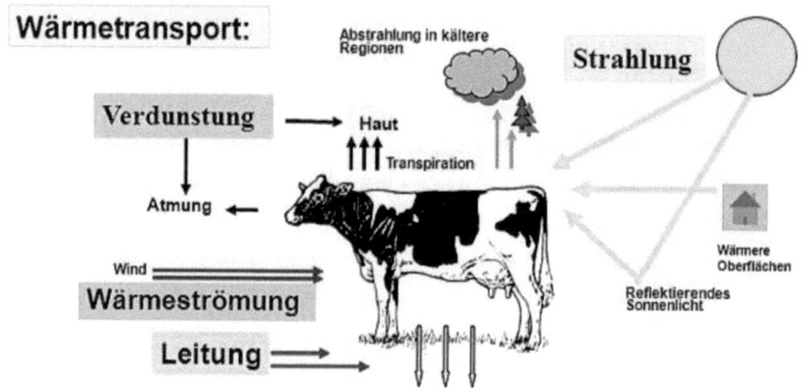



*Abbildung 1. Thermoregulation einer Kuh (BRADE, 2013)*

### 5.1.2. Feuchte Wärmeabgabe

Evaporation geschieht durch Verdunstung von Wasser durch Schleimhaut, der äußeren Hautschicht oder den Lungenbläschen und kann im Unterschied zur trockenen Wärmeabgabe vom Tier nicht modifiziert werden. Das Schwitzen, das zur Evaporation dazuzählt, macht ca. 60% der feuchten Wärmeabgabe bei der Milchkuh aus, die restlichen 40% geschehen über das Hecheln (BLUM, 2003). Kühe sind naturell allerdings nicht gut darin Körperwärme durchs Schwitzen abzugeben, was an den Schweißdrüsen liegt, die nicht sonderlich gut mit Blut versorgt und angeregt werden (NICHELMANN, 1971).

Wann die Kuh eher zur trockenen oder zur feuchten Wärmeabgabe tendiert, hat mit dem Temperaturgradienten zwischen Kuhhaut und der Umgebungstemperatur zutun. Bei geringer Stalltemperatur erfolgt die Wärmeabgabe zum Großteil über Konduktion, Konvektion und Radiation, desto wärmer der Stall allerdings erwärmt ist, desto eher forciert die Kuh die latente Wärmeabgabe, die ab etwa 25 °C Stalltemperatur die wichtigere Thermoregulation ist (siehe Abbildung 2).

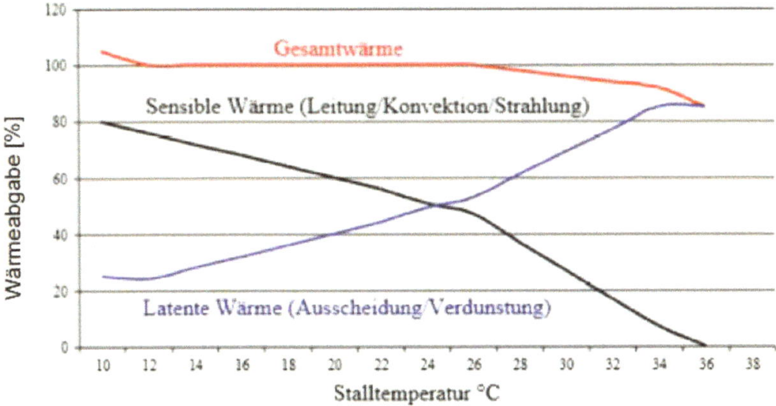


*Abbildung 2. Veränderung der Wärmeabgabe (SANKER, 2012)*

Problematisch beim Hecheln in warmen Räumen ist allerdings der hohe Energieaufwand, welcher die Kuh dafür leisten muss. Die Abatmung von $CO_2$ fordert bei schnellem Atmen nämlich sieben Prozent mehr Energie und starkes Hecheln sogar bis zu 25 %. Außerdem ist diese Form der latenten Wärmeabgabe in schwülen Gebieten, also bei einer gewissen Umgebungstemperatur und einer hoher Luftfeuchtigkeit, nur mehr sehr eingeschränkt möglich. Um dies zu vermeiden, ist eben eine sehr gute Durchlüftung mit einem kontinuierlichen Windzug essentiell für das Wohlergehen der Kuh (JESSEN, 2005).

Weiters unterscheidet man den Ausgangspunkt der Thermoregulation in den morphologischen, den physiologischen und den ethologischen Ursprung. Der morphologischen Ursprung zeichnet sich bei der Milchkuh durch das Haarwachstum bzw. durch subkutane Fetteinlagerung aus, der Physiologische geschieht hauptsächlich durch das Schwitzen, dem Zittern, dem Hecheln, der Leistung, der

Aufnahme vom Futter bzw. der Veränderung von Stoffwechsel und der Ethologische durch körperliche Aktivitäten sowie der Wahl des Liege- und des Stehplatzes (MAČUHOVÁ et al., 2008).

## 6. Maßnahmen zur Verminderung

Wie bereits in den vorigen Kapiteln zu entnehmen war, ist es für uns Menschen unumgänglich Kühe in wärmeren Regionen bei der Wärmeabgabe zu unterstützen bzw. im Idealfall es erst gar nicht dazu kommen lassen. Nach TOBER und LOEBSIN (2013) sollte man bereits sogar ab 15° C Kühe bei der Wärmeabgabe unterstützen. Insgesamt kann die Unterstützung in drei Bereichen geschehen:

- Fütterung
- Haltung und Züchtung
- Baulichen Maßnahmen

Bei der Fütterung sollte darauf geachtet werden, dass die Kühe sich nicht allzu einseitig ernähren, dafür aber mit einem hohem Grundfutterverzehr, um etwa einer Pansenazidose entgegen zu wirken. Außerdem gefährdet das vermehrte Schwitzen das Immunsystem der Kuh, da es zu einem Natrium- und Kaliummangel führt. Um dem entgegenzuwirken muss mineralstoffhaltige Nahrung beigelegt werden. Mindestens genauso wichtig ist aber das Trinkverhalten an heißen Tagen. Hier gilt das eine ausgewachsene Kuh bis zu 150 l Wasser benötigt und dies jederzeit zur Verfügung steht (BRADE, 2013).

Bei der Züchtung, also dem Herdenmanagement geht es darum, dass der Viehhalter darauf achten sollte, dass gezielte Abkalbe- und Besamungspausen für die Kühe eingeplant werden. Tatsächlich ist es aber so, dass sich dafür nur die Wenigsten interessieren, aufgrund der andauernden Milchleistungen (BRADE, 2013).

Der wohl essentiellste Bereich, auf den es bei der Hitzevermeidung ankommt, ist der Hauptaufenthaltsort der Kuh: der Stall. Architektonisch sollte darauf geachtet werden, dass der Stall einen stetigen und natürlichen Luftwechsel hat, am besten gelingt dies indem die Längsachse senkrecht zur vorherrschenden Windrichtung gebaut wird (STÖTZEL, 2016). Das ist nicht nur aufgrund der Hitzevermeidung wichtig, sondern auch wegen der Luftfeuchtigkeit. BRADE (2003) gibt hierfür an, dass ein Rind durch latente Wärmeabgabe bis zu 35 l Flüssigkeit pro Tag an die Umgebung abgeben kann.

Außerdem kann man durch eine geeignete Standortwahl, sowie wärmeundurchlässige, geneigte Dächer der Wärmeeintrag möglichst klein gehalten werden. Im Innenraum findet sich im Idealfall wärmespeichernde Materialien sowie Schattenspender wie etwa große Pflanzen (STÖTZEL, 2016). Auch die Liegeflächen können hitzefreundlicher gebaut werden im Stall. Durch kältere Oberflächen wie Beton oder Sand, die durch eine gute Wärmeableitung hervorstechen, halten sich die Kühe dort länger auf. Dagegen sind für warme Tage Untergründe wie Stroh oder Matratzen die schlechtesten Alternativen, weil diese eher zusätzliche Wärmebelastungen als Entspannungsorte darstellen (KRAMER et al., 1999).

Allerdings reichen oft natürliche Kühlmethoden in den Sommermonaten nicht aus, um Temperaturen im Behaglichkeitsbereich zu schaffen, und deswegen greifen immer mehr LandwirtInnen auf technische Kühlmöglichkeiten zurück. Um das bereits beschriebene Problem der hohen Luftfeuchtigkeit entgegenzuwirken, bieten sich Ventilatoren an, die zusätzlich zur Wärme noch Schadstoffe aus den Innenräumen blasen (BRADE, 2013).

Neben den Ventilatoren gibt es noch Sprinkler oder Vernebelungsanlagen. Diese kühlen den Stall, in dem sie auf Verdunstungskühlung setzen, welches mechanisch zugelaufenes Wasser erfordert und mit dem das Rückenfell der Kühe befeuchtet wird (BRADE, 2013). Das verursacht allerdings auch einen höherer Wasserverbrauch, höhere Luftfeuchtigkeit und eine schnellere Anfälligkeit für Krankheiten wie etwa Schimmelpilz- und Keimbildung (CIGR-BERICHT, 2006).

# 7. Berechnung des Hitzestress im alpinen Bereich

In diesem Kapitel möchte ich anhand von Klimadaten und dem THI die Intensität des Hitzestress bewerten. Ab einer gewissen Tagestemperatur und ab einer gewissen Luftfeuchtigkeit muss die Kuh durch Thermoregulation die Körpertemperatur drosseln, was in etwa ab einer Temperatur von 21° C geschieht (ALBRIGHT und ARAVE, 1997).

Es gibt allerdings einen individuellen Einfluss von jeder Kuh und diese Temperaturgrenze kann so von Tier zu Tier variieren. Außerdem gibt es einen Temperaturbereich, an dem die Thermoregulation an ihre Grenzen stößt und es entsteht eine Hyperthermie. Diese sogenannte kritische Temperatur ist in etwa zwischen 25 - 28 °C und sollte eher als Richtwert eingeordnet werden (DIKMEN und HANSEN, 2009).

In den letzten Jahrzehnten hat der Mensch versucht Kühe als Hochleistungstiere zu nutzen und versuchte diese vor allem durch Züchtung zu selektieren. Das hat wiederum dazu geführt, dass die Sensitivität gegenüber Hitze bei Nutztieren stärker wurde und Kühe begannen sogar in gemäßigten Klimazonen unter Hitzestress zu leiden (VAN LAER et al., 2014).

## 7.1. Der Temperature – Humidity Index (THI)

In den letzten Jahren wurde das Wohlbefinden von Tieren immer wichtiger, da dies eine essentielle Rolle in den Konzepten „Welfare" spielt (DANTZER, 1993). Da der Hauptindikator des Tierwohls mit der Abwesenheit von Stress gleichgesetzt wurde, gilt es als immer sinnvoller dieses statistisch messen zu können. Allerdings ist es so, dass es kein richtiges biochemisches Prüfsystem gibt, welches einem anzeigt wie stark gerade ein Tier unter Stress leidet (LEXEN et al., 2008). Deswegen gibt es immer spezifischere Verhaltensanalysen und physiologische Parameter wie Stresshormone, biochemische Blutparameter, bioakustische Parameter oder die Messung der Herzfrequenz (MOHR et al., 2002).

Da es allerdings nur den wenigsten LandwirtInnen möglich ist beispielsweise den Kortisolgehalt, die Körpertemperatur oder die Atemfrequenz ihrer Nutztiere zu messen und zu analysieren, ist die Berechnung des sogenannten THIs eine gute und einfache

Möglichkeit. Der Temperature – Humidity – Index ist eine Funktion, mit korrelierenden Variablen, die eine Aussage treffen soll, ob und wie stark ein Tier an Hitzestress leidet. Die Formel wurde von THOM 1958 entwickelt mit dem Ziel einfach und für Jedermann das thermale Wohlbefinden eines Lebewesen abzuschätzen. In den nachfolgenden Jahrzehnten wurde die Formel immer wieder abgewandelt sowie für Rinder und Kühe spezifiziert. Außerdem wurden die Messwerte genormt, sodass jeder Messwert in eine der vier Kategorien fällt: kein, milder, moderater oder schwerer Hitzestress (CIGR-BERICHT, 2006).

Die derzeitige aktuelle Berechnung des THI geht nach MADER et al. (2006) wie folgt:

$$THI = (0,8 * T) + [(RH / 100) * (T - 14,4)] + 46,6$$

Wobei mit T die Lufttemperatur in [°C] und mit RH die relative Luftfeuchtigkeit in [%] im jeweiligen Gebiet, gemeint ist.

Den Wert, welchen man dadurch erhält, kann man nun mit folgender Tabelle einordnen

| THI | Stressniveau | Symptome |
| --- | --- | --- |
| Unter 68 | Kein Hitzestress | |
| 68 – 71 | Milder Hitzestress | – Aufsuchen von Schattenplätzen<br>– Erhöhte Atemfrequenz (> 60 Atemzüge/min)<br>– Erweiterung der Blutgefäße<br>– Erhöhte Körpertemperatur (> 38,5 °C)<br>– Erste Auswirkungen auf die Milchleistung |
| 72 – 79 | Mäßiger Hitzestress | – Erhöhte Speichelproduktion<br>– Erhöhte Atemfrequenz (> 75 Atemzüge/min)<br>– Erhöhte Herzfrequenz<br>– Erhöhte Körpertemperatur (> 39,0 °C)<br>– Rückgang der Futteraufnahme<br>– Erhöhte Wasseraufnahme<br>– Rückgang der Milchproduktion<br>– Rückgang der Fruchtbarkeit |
| 80 – 89 | Starker Hitzestress | Unwohlsein aufgrund ansteigender Symptome<br>Atemfrequenz > 85 Atemzüge/min<br>– Körpertemperatur > 40°C |
| Über 90 | Gefahr | Auftreten von Todesfällen |

Diese Einordnung findet nicht nur in der Theorie seinen Platz, sondern wird auch immer häufiger in der Praxis verwendet, um die Intensität der Hitzestressbelastung beurteilen zu können (DIKMEN und HANSEN, 2009).

Außerdem gibt es noch eine Tabelle, die einem das Rechnen erspart und mit der man anhand der beiden Messdaten Luftfeuchtigkeit und Temperatur ganz einfach die Intensität des Hitzestress ablesen kann.

| THI-Index 2009 | Luftfeuchtigkeit (rel %) | | | | | | | | | | | | | | | | |
| --- | --- | --- | --- | --- | --- | --- | --- | --- | --- | --- | --- | --- | --- | --- | --- | --- | --- |
| Temperatur (°C) | 20 | 25 | 30 | 35 | 40 | 45 | 50 | 55 | 60 | 65 | 70 | 75 | 80 | 85 | 90 | 95 | 100 |
| 16 | 60 | 60 | 60 | 60 | 60 | 60 | 60 | 60 | 60 | 60 | 60 | 60 | 60 | 61 | 61 | 61 | 61 |
| 17 | 61 | 61 | 61 | 61 | 61 | 61 | 61 | 61 | 62 | 62 | 62 | 62 | 62 | 62 | 62 | 62 | 63 |
| 18 | 62 | 62 | 62 | 62 | 62 | 62 | 62 | 63 | 63 | 63 | 63 | 64 | 64 | 64 | 64 | 64 | 64 |
| 19 | 63 | 63 | 63 | 63 | 63 | 64 | 64 | 64 | 64 | 65 | 65 | 65 | 65 | 66 | 66 | 66 | 66 |
| 20 | 64 | 64 | 64 | 64 | 65 | 65 | 65 | 65 | 66 | 66 | 66 | 67 | 67 | 67 | 67 | 68 | 68 |
| 21 | 65 | 65 | 65 | 66 | 66 | 66 | 67 | 67 | 67 | 67 | 68 | 68 | 68 | 69 | 69 | 69 | 70 |
| 22 | 66 | 66 | 66 | 67 | 67 | 67 | 68 | 68 | 69 | 69 | 69 | 70 | 70 | 70 | 71 | 71 | 72 |
| 23 | 67 | 67 | 67 | 68 | 68 | 69 | 69 | 70 | 70 | 70 | 71 | 71 | 72 | 72 | 73 | 73 | 73 |
| 24 | 68 | 68 | 68 | 69 | 69 | 70 | 70 | 71 | 71 | 72 | 72 | 73 | 73 | 74 | 74 | 75 | 75 |
| 25 | 69 | 69 | 70 | 70 | 71 | 71 | 72 | 72 | 73 | 73 | 74 | 74 | 75 | 75 | 76 | 76 | 77 |
| 26 | 70 | 70 | 71 | 71 | 72 | 72 | 73 | 74 | 74 | 75 | 75 | 76 | 76 | 77 | 78 | 78 | 79 |
| 27 | 71 | 71 | 72 | 72 | 73 | 74 | 74 | 75 | 76 | 76 | 77 | 77 | 78 | 79 | 79 | 80 | 81 |
| 28 | 72 | 72 | 73 | 74 | 74 | 75 | 76 | 76 | 77 | 78 | 78 | 79 | 80 | 80 | 81 | 82 | 82 |
| 29 | 73 | 73 | 74 | 75 | 75 | 76 | 77 | 78 | 78 | 79 | 80 | 81 | 81 | 82 | 83 | 83 | 84 |
| 30 | 74 | 74 | 75 | 76 | 77 | 77 | 78 | 79 | 80 | 81 | 81 | 82 | 83 | 84 | 84 | 85 | 86 |
| 31 | 75 | 75 | 76 | 77 | 78 | 79 | 80 | 80 | 81 | 82 | 83 | 84 | 84 | 85 | 86 | 87 | 88 |
| 32 | 76 | 76 | 77 | 78 | 79 | 80 | 81 | 82 | 83 | 83 | 84 | 85 | 86 | 87 | 88 | 89 | 90 |
| 33 | 77 | 77 | 78 | 79 | 80 | 81 | 82 | 83 | 84 | 85 | 86 | 87 | 88 | 89 | 90 | 90 | 91 |
| 34 | 78 | 79 | 79 | 80 | 81 | 82 | 83 | 84 | 85 | 86 | 87 | 88 | 89 | 90 | 91 | 92 | 93 |
| 35 | 79 | 80 | 81 | 82 | 83 | 84 | 85 | 86 | 87 | 88 | 89 | 90 | 91 | 92 | 93 | 94 | 95 |
| 36 | 80 | 81 | 82 | 83 | 84 | 85 | 86 | 87 | 88 | 89 | 90 | 91 | 92 | 94 | 95 | 96 | 97 |
| 37 | 81 | 82 | 83 | 84 | 85 | 86 | 87 | 88 | [illegible] | [illegible] | [illegible] | [illegible] | [illegible] | [illegible] | [illegible] | [illegible] | [illegible] |

*Abbildung 4. Neue Tabelle zum THI (COLLIER et al., 2012)*

Auch jene Tabelle hat sich in den letzten Jahren verändert. So wurde von ZIMBELMAN (2008) neue Grenzwerte gesetzt, da jene von THOM nicht mehr zu den Ergebnissen der untersuchten Kühe passten, wie das noch 1958 der Fall war. Daher wurden die Grenzwerte anders gesetzt. So wurde festgestellt, dass Kühe schon unter niedrigeren Temperaturen und unter geringerer Luftfeuchtigkeit unter Hitzestress leiden, wie das in der Vergangenheit angenommen wurde. Die Gründe für die höhere Sensitivität der Kühe liegen in der noch höheren Milchleistung, die derzeit einer Kuh abverlangt werden, was den Stoffwechsel weiter antreibt, der wiederum für eine höhere Körperwärmeproduktion verantwortlich ist (DUSSERT und PIRON, 2012).

Dazu ist zu sagen, dass es zu einer wissenschaftlichen qualitativen Analyse von Stress normalerweise nicht ausreicht, da es noch mehrere Faktoren außer dem Klima gibt. Allerdings würde eine Verhaltensanalyse bzw. Messungen und Analysen von physiologischen Faktoren wie Stresshormonen, biochemischen Blutparameter, bioakustischen Parameter oder einer Messung der Herzfrequenz den Rahmen der Seminararbeit sprengen. Der THI schwankt in der Praxis im Laufe des Tages sehr, aufgrund der sich ändernden Luftfeuchte und der Tagestemperatur. Diesem Problem gingen COLLIER und ZIMBELMAN (2007) in der Praxis nach und fanden heraus, dass der geeignetste Wert sowohl von der Luftfeuchtigkeit als auch von der Temperatur der Tagesdurchschnittswert ist, weswegen ich auch in dieser Arbeit auf jenen zurückgreifen möchte.

| Ort | Höhe in Meter | Max. Temperatur im Juli in °C | Relative Luftfeuchte im Juli in % | THI |
|---|---|---|---|---|
| Trins | 1233 | 17,3 | 78 | 63 |
| Galtür | 1584 | 12,9 | 77 | 56 |
| Niederthai | 1538 | 13,1 | 78 | 56 |
| Gurgl | 1907 | 12,9 | 76 | 56 |
| Lienz | 673 | 13,5 | 78 | 57 |
| Wörgl | 511 | 20,3 | 79 | 68 |
| Schröcken | 1269 | 19,6 | 57 | 65 |
| Brixen im Thale | 794 | 24 | 77 | 73 |
| Innsbruck | 574 | 24,7 | 69 | 73 |
| Bregenz | 427 | 24,2 | 60 | 72 |
| Kitzbühel | 762 | 24,0 | 51 | 71 |

Was man sehr gut an der Tabelle erkennen kann ist, dass der Hitzestress sehr mit der Höhe des Ortes im Alpenraum zusammenhängt. Da in Österreich die Höhenregionen der Alpen sehr stark variieren, kommt eine Hitzebelastung in sehr unterschiedlichem Maße vor. Desto höher eine Gemeinde liegt, desto kälter sind die Sommer in der Regel und desto geringer fällt der Hitzestress auch aus. Dennoch gibt es einige Orte im alpinen Raum, bei denen Kühe in den warmen Sommermonaten mildem bis mäßigem Hitzestress ausgesetzt sind. Das bedeutet, dass Kühe vermehrt beginnen Schattenplätze zu suchen, weniger Milch abzugeben, ihre Körpertemperatur, Atem- und Herzfrequenz zunehmen, diese mehr Speichel produzieren, weniger Fressen dafür mehr Trinken müssen, sowie ihre Fruchtbarkeit zurückgehen kann (COLLIER et al., 2012).

Wenn man sich nun aber vor Augen führt, dass die Alpen ein eher kühler und feuchter Lebensraum für Tiere darstellt, verwundert auf den ersten Blick, dass überhaupt Hitzestress für Milchkühe auftritt. Gründe dafür liegen neben den bereits genannten auch in der Klimaerwärmung. In Abbildung 5 erkennt man sehr gut, dass die Durchschnittstemperatur seit 1960 kontinuierlich steigt und seitdem bereits um etwa 1 °C im Mittel zugenommen hat.

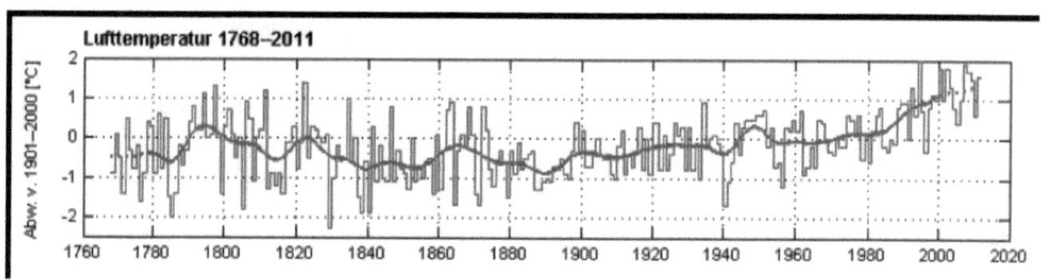


*Abbildung 5. Entwicklung des Jahresmittels der Lufttemperatur seit Beginn instrumenteller Messungen in Österreich (ZAMG)*

Vor allem im Alpenraum hat der globale Klimawandel einen noch massiveren Temperaturanstieg verursacht als in vielen anderen Gebieten der Erde. Schaut man sich Simulationen vom Temperaturverlauf an, erkennt man, dass bis zum Ende des Jahrhunderts die Jahresmitteltemperatur um ca. +3,5° C ansteigen wird. Bis etwa zur Mitte des 21. Jahrhunderts ist mit einem Temperaturanstieg im österreichischen Alpenraum von knapp 2° C zu rechnen, bezogen auf die Zeitperiode 1971-2000 (Chimani et al., 2015).

# Klimazukunft Alpenraum: Lufttemperatur

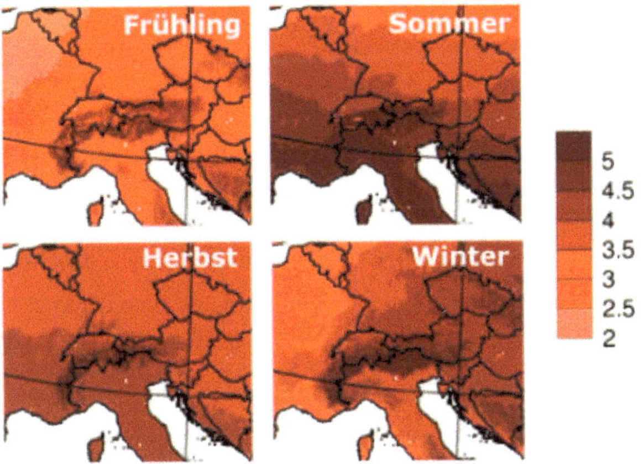


Abbildung 6. Simulationen zur Veränderung der Lufttemperatur in den jeweiligen Jahreszeiten im Vergleich zum Zeitraum 1971-2000 in °C (Jacob et al., 2014).

# 8. Zusammenfassung

In meiner Seminararbeit hat man recht eindeutig gesehen, dass Milchkühe bereits im recht kühlen alpinen Raum unter Hitzestess leiden können. Da der Stress in Zukunft immer intensiver wird, gilt es meiner Meinung nach aus mehreren Gründen zu handeln. Zum einen wären da die Folgen aus Verbrauchersicht, da Milchprodukte somit rarer und dementsprechend auch teurer werden, weil die Milchejektion in unterschiedlichem Maße gehemmt sein wird. Zum anderen aus Tierschutzgründen und dem Liebe zum Tier. Wichtig dabei ist es Symptome von Hitzestress frühzeitig zu erkennen, was durch Messungen und Analysen von Parameter möglich ist. Oder durch die Berechnung mittels des THI, was zwar weniger genau ist, aber dafür für jeden Landwirt bzw. jede Landwirtin sehr einfach möglich ist und eine gute Einschätzung des Hitzestress ist.

Kühe können zwar recht gut bis zu einem gewissen Maße feuchte und trockene Thermoregulation betreiben, allerdings gibt es eine kritische Temperaturgrenze von etwa 21 °C, bei der es am Menschen liegt hier das Nutztier zu unterstützen. Das gelingt durch geeignete Fütterung, baulichen Maßnahmen sowie der passenden Haltung und Züchtung von Kühen.

Durch die steigende Maximaltemperaturen weltweit und der starken Betroffenheit in den Alpen sowie den gestiegenen Erwartungen hinsichtlich der Milchleistung vonseiten der VerbraucherInnen gewinnt das Thema derzeit sehr an Brisanz. So muss eine Milchkuh in der heutigen Zeit deutlich mehr Milch abliefern, als das noch vor 100 Jahren der Fall war. Inwiefern diese Gewinnmaximierung mit den geänderten Lebensbedingungen verträglich ist, muss kritisch von Medien, Politik und Verbraucherseite, hinterfragt werden.

# 9. Abbildungsverzeichnis



# 10.    Literaturverzeichnis


ALBRIGHT J.L. (1987): Dairy Animal Welfare: Current and Needed Research; Journal of Dairy Science 70; S. 2711 – 2731.

ALBRIGHT J.L. und ARAVE C.W. (1997): The behavior of cattle; CAB INTERNATIONAL Wallingford, UK, ISBN 0851991963; S. 154 – 157.

BAUMGARTNER W. (2009): Allgemeiner klinischer Untersuchungsgang; In: Baumgartner W. (Hrsg.): Klinische Propädeutik der Haus- und Heimtiere; Parey Verlag, Stuttgart; S. 43 – 195.

BERMAN A. (2005): Estimates of heat stress relief needs for Holstein dairy cows; Journal of Animal Science 83; S. 1377 – 1384.

BLUM J.W. (2003): Bioklimatologie der Haustiere; Vorlesungsskript Tierhaltung, Univ. Bern, 4. Semester

BROOM D.M. (1991): Animal welfare. Concepts and Measurement; Journal of Animal Science (69); S. 4167 – 4175.

BROOM D.M. und JOHNSON K.G. (1993): Stress; In: Broom D.M., Johnson K.G. (Hrsg.): Stress and Animal Welfare; Kluwer Academic Publishers, Dordrecht, The Netherlands; S. 57 – 72.

BROWN-BRANDL T.M., EIGENBERG R.A., NIENABER J.A. und HAHN G.L. (2005): Dynamic Response Indicators of Heat Stress in Shaded and Non-shaded Feedlot Cattle, Part 1: Analyses of Indicators; Biosystems Engineering 90 (4), S. 451 – 456.

CARROLL J.A. und BURDICK SANCHEZ N.C. (2013): The Physiology of Stress and Effects on Immune Health in Ruminants; In: Proceedings of the 28th Annual Southwest Nutrition and Management Conference, Arizona; S. 35 – 44.

Chimani B., Heinrich G., Hofstätter M., Kerschbaumer M., Kienberger S., Leuprecht A., Lexer A., Peßenteiner S., Poetsch M.S., Salzmann M., Spiekermann R., Switanek M. und H.Truhetz, 2016. ÖKS15 – Klimaszenarien für Österreich. Daten, Methoden und Klimaanalyse. Projektendbericht, Wien.

CIGR-Bericht (2006): Animal Housing in Hot Climates: A multidisciplinary view. Hrsg.: CIGR Section II Working Group in cooperation with Eur-AgEng, Campinas, Brasilien.

COLLIER R.J. und ZIMBELMAN R.B. (2007): Heat Stress Effects on Cattle: What We Know and What We Don't Know; In: Proceedings of the 22nd Annual Southwest Nutrition and Management Conference, Arizona; S. 76– 83.

COLLIER R.J., HALL L.W., RUNGRUANG S. und ZIMBELMAN R.B. (2012): Quantifying Heat Stress and Its Impact on Metabolism and Performance; In: Proceedings of the 23rd Florida Ruminant Nutrition Symposium, University of Florida, Gainesville; S. 74 – 83

DANTZER R. (1993): Research Perspectives in Farm Animals: The Concept of Stress; Journal of Agricultural and Environmental Ethics 6 (Suppl. 2); S. 86 – 92.

DIKMEN S. und HANSEN P.J. (2009): Is the temperature-humidity index the best indicator of heat stress in lactating dairy cows in a subtropical environment?; Journal of Dairy Science 92; S. 109 – 116.

DUSSERT L. und PIRON A. (2012): Live yeast could help reduce the impact of heat stress on dairy production;

HEIDENREICH T., BÜSCHER W. und CIELEJEWSKI H. (2005): Vermeidung von Wärmebelastung für Milchkühe; In: DLG-Merkblatt 336; Hrsg.: Deutsche Landwirtschafts-Gesellschaft e.V., Frankfurt a. Main.

Jacob D. et al., "EURO-CORDEX: New High-Resolution Climate Change Projections for European Impact Research", Regional Environmental Change 14, no. 2 (2014): 563–78, doi:10.1007/s10113-013-0499-2.

JESSEN C. (2005): Temperatur, Adaption und Regulation; In: Penzlin H. (Hrsg.): Lehrbuch der Tierphysiologie, Elsevier Verlag, München; S. 445 –474.

KRAMER A., HAIDN B. und SCHÖN H. (1999): Energieströme beim liegenden Rind – Einflüsse der Liegeflächen; In: Tagungsband 4. Internationale Tagung „Bau, Technik und Umwelt in der landwirtschaftlichen Nutztierhaltung"; S. 141 - 146.

LEXEN E., EL-BAHR S.M., SOMMERFELD-STUR I., PALME R. und MÖSTL E. (2008): Monitoring the adrenocortical response to disturbances in sheep by measuring glucocorticoid metabolites in the faeces; Wiener tierärztliche Monatsschrift 95; S. 64 – 71.

LUTZ B. (2000): Kuhkomfort als Voraussetzung für hohe Leistungen (Stallklima, Haltung, Bewegung); In: Tagungsband 27. Viehwirtschaftliche Fachtagung, BAL Gumpenstein; S. 27 – 30.

MAČUHOVÁ J., ENDERS S., PEIS R., GUTERMAN S., FREIBERGER M. und HAIDN B. (2008): Untersuchungen zur Optimierung des Stallklimas in Außenklimaställen für Milchvieh; Schriftenreihe der Bayerischen Landesanstalt für Landwirtschaft, ISSN 1611-4159.

MADER T.L., DAVIS M.S. und BROWN-BRANDL T. (2006): Environmental factors influencing heat stress in feedlot cattle; Journal of Animal Science 84; S. 712 – 719.

NICHELMANN M. (1971): Der Wärmehaushalt beim Rind; In: Lyhs L. (Hrsg.), Der Wärmehaushalt landwirtschaftlicher Nutztiere; Gustav Fischer Verlag, Jena; S. 37 – 103.

MOHR E., LANGBEIN J. und NÜRNBERG G. (2002): Heart rate variability – A noninvasive approach to measure stress in calves and cows; Physiology and Behavior 75; S. 251 – 259.

PALME R. (2012): Monitoring stress hormone metabolites as a useful, non-invasive tool for welfare assessment in farm animals; Animal Welfare 21; S. 331 – 337.

RUSHEN J., DE PASSILLÉ A.M., VON KEYSERLINGK M.AG. und WEARY D.M. (2008): The welfare of cattle; Springer Verlag; S. 142 – 180.

RÜTZ A. (2010): Untersuchung verschiedener Parameter auf ihre Eignung zur Bewertung der Tiergerechtheit von Laufställen für Milchkühe im Rahmen eines On-farm welfare assessment; Dissertation Ludwig-Maximilians Universität München, Veterinärmedizinische Fakultät

SANKER C. (2012): Untersuchungen von klimatischen Einflüssen auf die Gesundheit und Milchleistung von Milchkühen in Niedersachsen; Dissertation Georg-August-Universität Göttingen, Agrarwissenschaftliche Fakultät.

STÖTZEL P. (2016): Bauliche Einflussfaktoren auf das Temperaturverhalten eines Milchviehstalls; In: LfL-Information: Möglichkeiten zur Reduzierung von Hitzestress im Milchviehstall.

TOBER, O. und LOEBSIN, C. (2013): Das Verhalten von laktierenden Milchkühen in einem Außenklima-Laufstall in Abhängigkeit von der Stalllufttemperatur; Berliner und Münchener Tierärztliche Wochenschrift 126 (9); S. 388 – 393.

VAN LAER E., MOONS C.P.H., SONCK B. und TUYTTENS F.A.M. (2014): Importance of outdoor shelter for cattle in temperate climates; Livestock Science 159; S. 87 – 101.

VICKERS L.A., BURFEIND O., VON KEYSERLINGK M.A.G., VEIRA D.M., WEARY D.M. und HEUWIESER W. (2010): Technical note: Comparison of rectal and vaginal temperatures in lactating dairy cows; Journal of Dairy Science 93; S. 5246 – 5251.

ZIMBELMAN R.B. (2008): Management Strategies to Reduce Effects of Thermal Stress on Lactating Dairy Cattle; Dissertation, University of Arizona, Department of Animal Science.